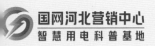
国网河北营销中心
智慧用电科普基地

E 起充电

U0261661

桃花源
探电记

陈 磊　武光华　陶 鹏　郭 威
张 宁　申 浩　卢娅卿　李 鹬◎著
赵莎莎　林跻云

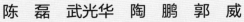

中国电力出版社
CHINA ELECTRIC POWER PRESS

图书在版编目（CIP）数据

桃花源探电记 / 陈磊等著 . -- 北京：中国电力出版社，
2025. 2. --（E 起充电吧）. -- ISBN 978-7-5198-9596-9

Ⅰ . TM727-49

中国国家版本馆 CIP 数据核字第 2025CC6850 号

出版发行：中国电力出版社
地　　址：北京市东城区北京站西街 19 号（邮政编码 100005）
网　　址：http://www.cepp.sgcc.com.cn
责任编辑：陈　丽
责任校对：黄　蓓　张晨荻
装帧设计：赵姗姗　锋尚设计
责任印制：石　雷

印　　刷：北京瑞禾彩色印刷有限公司
版　　次：2025 年 2 月第一版
印　　次：2025 年 2 月北京第一次印刷
开　　本：787 毫米 ×1092 毫米　16 开本
印　　张：2.25
字　　数：30 千字
定　　价：20.00 元

寄 语

亲爱的读者：

    您好！

    电是我们生活中密不可分的"小伙伴"，它如同充满活力的精灵，跳跃奔跑在每一个角落，为我们的生活带来了前所未有的便利与繁荣。

    您知道电是从哪里来的吗？您知道电是如何输送储存的吗？您知道电力科技是如何改变生活的吗？在此，非常荣幸地向您推荐《E起充电吧》系列电力科普丛书，这是一套由国网河北省电力有限公司营销服务中心（简称国网河北营销中心）的电力科技工作者们精心编制的电力前沿科学技术知识的趣味科普丛书。

    《E起充电吧》系列电力科普丛书将科学性和趣味性融为一体，以大家喜闻乐见的故事为载体，采用生活化的语言，轻松揭开电力前沿科学技术的神秘面纱，通过画册的形式将深奥的科学知识讲得形象生动。书中的主人公小智在智慧用电科普基地电力科普小使者小E的带领下，前往桃花源探索微电网背后的奥秘，通过乘坐无人驾驶汽车了解无人驾驶的科学原理，在给电动汽车充电的过程中认识不同类型充电桩的神奇功能，利用穿梭机进入光伏板内部零距离观察光电转化的秘密，在储能电池内部参观电能被储存和释放的科学过程。

    善读书，读好书。一本好的科普读物犹如一匹骏马，带您不断向前奔驰；一本好的科普读物恰似一座宝藏，让您不停探索奥秘；一本好的科普读物宛若一双翅膀，载您尽情翱翔蓝天。那么，接下来就让我们跟着《E起充电吧》开启愉快的科普阅读之旅吧！

    最后，祝您在阅读中发现更多电力的奥秘与乐趣！

国网河北省电力有限公司营销服务中心

2024年10月

基地简介

国网河北营销中心智慧用电科普基地，是国网河北营销中心倾力打造的集研学、创新、实践、科普为一体的电力特色科普基地。基地致力于电力科普工作，宣传最新电力成果、传播电力科学知识、普及安全用电常识、开展科普教育活动，促进全民科学素质提升。基地先后被命名为"河北省科普教育基地""河北省科普示范基地""电力科普教育基地""能源科普教育基地"。

欢迎关注"智慧用电科普基地官方微信"学习有趣好玩的电力知识，了解电力前沿动态。

智慧用电科普基地官方微信

人物介绍

小智：性格开朗的阳光男孩，对未知的世界充满好奇，对科学知识充满渴望，喜欢探索新鲜事物，热衷观察生活，擅长思考钻研科学问题。

小E：电力科普小使者，来自国网河北营销中心智慧用电科普基地，精通电力科学知识，热衷于探索一切关于电力的创新科技，喜欢科普电力世界的科学知识和原理，是孩子们学习成长过程中的好伙伴。

"晋太元中，武陵人捕鱼为业。缘溪行，忘路之远近。忽逢桃花林，夹岸数百步，中无杂树，芳草鲜美，落英缤纷。渔人甚异之。复前行，欲穷其林。

林尽水源，便得一山，山有小口，仿佛若有光。便舍船，从口入。初极狭，才通人。复行数十步，豁然开朗。土地平旷，屋舍俨然，有良田、美池、桑竹之属……"

晚上，阵阵读书声从小智的房间传出来。

小智抱怨道："不想读书啊，想看电视。也不知道桃花源里有没有电视机呀。"

小E："我可以带你去看看。"

小智指着前面说："哇，好漂亮！这里就是桃花源啊，那小E，这里有电视机吗？"

小E："有啊，桃花源里不仅有电视，还有很多好玩的东西呢！"

小E："桃花源里面有自己的微电网，可以自己给自己发电。走，我带你去看看。"

小E："桃花源的电主要是靠风、水和太阳能这些清洁能源发出来的，不会对环境产生任何污染。那边是太阳能光伏板，我带你过去看一看。"

小E指着光伏板说："它们就像一排排整齐的卫兵，当阳光照到光伏板上时，里面的'小魔法师'——太阳能电池就会开始工作。它们静静地吸收着太阳的能量，并将这些能量转化成电能。"

 ## 光伏发电基本原理

光伏发电是根据光生伏特效应，通过光伏板将太阳能直接转化为电能。当太阳光中的光子撞击光伏板表面的半导体材料时，可以将半导体中的电子从束缚状态中激发出来，形成空穴电子对，然后在内置电场（PN结）的作用下，空穴和电子被分离，并在外部电路中形成电流，从而将光能转化为电能。

 ## 光伏发电系统构成

光伏发电系统主要由太阳能电池方阵、充放电控制器、逆变器、交流配电柜、并网柜等设备组成。

 ## 光伏板的种类

根据使用材料的不同，可以将光伏板分为单晶硅光伏板、多晶硅光伏板、非晶硅光伏板、多元化合物光伏板四种。目前使用最多的是单晶硅光伏板，而且它的光电转换效率也最高，可达到26%。

小智："哇，这风车好大！它们是怎么把风变成电的呢？"

小E："简单来说，当风吹过风车的叶片时，叶片会转动起来，并带动风车里的发电机，然后就产生了电。"

拓展阅读

风力发电基本原理

风力发电就是将风能转换成机械能，再将机械能转换为电能，其基本原理是风力发电机利用风力推动叶轮旋转，再通过传动系统提速达到发电机的转速后驱动发电机发电。

风力发电机组构成

风力发电机组是由叶轮、传动系统、偏航系统、液压系统、制动系统、发电机、控制与安全系统、机舱、塔架和基础等组成。

风力发电机转一圈能发多少度电

一般情况下，风速只要达到3米/秒，风车就可以旋转发电。以2兆瓦的风力发电机组为例：叶片长50~60米，以额定转速运行，转动一圈约4秒钟，叶尖速度可达每小时280多千米，堪比高铁速度，叶轮转动一圈约发2.2度电。

看过风力发电机之后，小智和小E又一起来到了桃花源的水电站。

小E说："桃花源的水能资源特别丰富，且水位落差较大，于是桃花源的人们利用水位落差的天然条件，建成这座水电站。"

13

拦水坝

上游水面

引水管道

厂房

发电机

水轮机

下游水面

尾水管

看着面前正在运行的巨大机器，小智大声地问道："这个大机器是什么呀？"

　　小E说："那是水电站的发电机，当水流过水电站的闸门时，水轮机就会飞快地转动起来，像风车一样，水轮机转动带动了发电机，于是产生了电能，经过电力输送线路，被送到千家万户，供人们生产生活使用。"

离开水电站，在前往汽车站的路上，小智和小E看见一个很大的充电站，发现有很多新能源汽车正在充电。

小E说："桃花源里建设了很多充电站，可以24小时给汽车充电，方便人们日常出行。而且有了充电站，也不用担心晚上各类发电厂发出来的电没人用，这样就不会造成能源浪费。"

看着正在充电的汽车，小智问道："如果没有那么多汽车充电，该怎么办？"

小E说："不用担心，这些多余的电可以被储能电池保存起来。当发电量不够时，储能电池就会放电，保证大家正常的生产生活；当发电量过多时，储能电池就会把多余的电量储存起来。"

拓展阅读

 储能的概念

储能是将能量通过介质进行储存并在需要时释放的往复循环过程。狭义的储能特指电能的存储，利用化学或物理方法将能量存储，并在需要时以电能形式释放。

 储能技术分类

机械储能，代表技术有抽水蓄能、压缩空气储能、飞轮储能。

化学储能，代表技术有铅酸电池、锂离子电池、液流电池、钠硫电池。

电磁储能，代表技术有超级电容、超导储能。

其他储能，代表技术有燃料电池、金属—空气电池。

 生活中的储能场景

储能可以广泛应用于大规模新能源发电、传统电力系统、电动汽车、轨道交通、备用电源，储能已经渗透到社会生产生活的诸多环节。

回到桃花源的中心区，小智和小E走在热闹的街道上，看到路边立有一块微电网控制中心的指示牌。

微电网控制中心

小智疑问道："微电网控制中心？这是用来做什么的？"

小E说："走，咱们一起去看一看！"

小智和小E来到微电网控制中心。

小E说："微电网控制中心，是整个桃花源的电力大脑，它收集光伏电站、风电站和水电站的发电数据，并且监测着各个用户的用电量。它会合理分配这些电量，有的去了工厂，有的去了充电站，还有的被电池储存起来了。当有突发情况时，还能制定'应急计划'，保证桃花源的基本用电。"

拓展阅读

微电网定义

微电网也被称为微网，由分布式发电、储能装置、用电负荷、监控、保护和自动化装置等组成，是一个能够基本实现内部电力电量平衡的小型供用电系统。

扫码观看科普短视频：
交直流混合微电网构建
源网荷储数智化新生态

微电网分类

按应用场景分为住宅微电网、工业微电网、商业微电网。住宅微电网为单个家庭或小型社区提供电力；工业微电网为工业园区或企业提供电力；商业微电网为商场、办公楼等商业设施提供电力。按控制方式分为并网型微电网和独立型微电网，正常情况下，并网型微电网与主电网连接，可向主电网售电或从主电网购电；独立型微电网不与主电网连接，完全独立运行。

微电网作用

微电网巧妙融合多种分布式绿色能源，灵活应对电力需求，既能在主电网故障时独立运行，保障微电网内部用电无忧，又能优化能源配置，减少浪费，让每一度电都发挥最大价值，推动能源结构向更加清洁、高效、智能的方向发展。

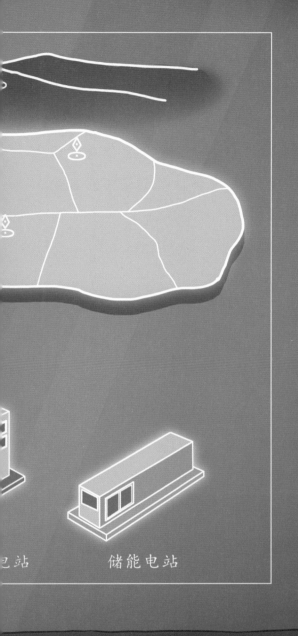

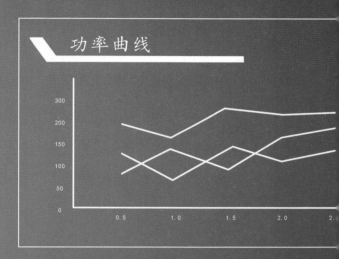

功率曲线

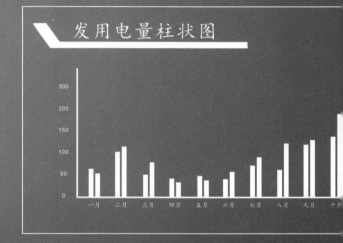

发用电量柱状图

储能电站

小智看着中心数字大屏兴奋地说："小E你快看，我们刚才参观的光伏电站、水电站、充电站都在上面显示呢！"

小E说："微电网控制中心，就是利用大数据分析和人工智能算法，智能预测能源需求，自动调整资源分配，从而帮助桃花源的人们安全高效用电。"

小智和小E从微电网控制中心出来。

小E说："小智，现在知道桃花源的电是从哪里来的了吧。正是因为有微电网的存在，桃花源的居民才可以安心用电，幸福快乐地生活在这里。你想在这里生活吗？"

小智回答道："桃花源的空气这么清新，环境这么优美，我当然想生活在这里啦！不过，我更想让家乡和桃花源一样美。咱们赶紧回去吧，我要努力学习，为建设我们美丽的祖国做贡献！"

　　桃花源的探电之旅让小智很有感触，前沿电力科学技术的发展为我们的生活带来了巨大改变，通过这次旅程，小智对电力科学技术有了更加深刻的认识，一颗探索科学的种子正在小智的心中悄然萌发……